“十二五”上海重点图书
“纳米改变世界”青少年科普丛书
本书出版由上海科普图书创作出版专项资助

纳米武器

Nano Weapon

施鹤群 / 编写

華東理工大學出版社
EAST CHINA UNIVERSITY OF SCIENCE AND TECHNOLOGY PRESS
·上海·

目录

神奇的纳米武器

这是一个像往日一样的夜晚，城市上空静悄悄的，黑蒙蒙的夜幕罩不住大都市的万家灯火，地面街道两旁灯火闪耀，城市中的人们全然不知道战祸马上要降临。

一架军用战机突然出现在城市上空，地面雷达站没有发现这架隐形战机，地面防空部队还没有来得及做出反应，这架隐形战机便打开了投弹舱，一架架纳米无人机、一个个纳米机器人被释放出来，出现在城市上空。

这是军事专家们幻想的纳米战争开场，纳米战争还在进行，无人知道它的结局。

有人预测，21世纪世界上将出现三大科技奇迹：一是生命科学和生物技术的普遍应用；二是从外星球获取能源；三就是纳米技术在各个领域的应用。科学技术的发展促进了武器的发展。纳米技术的出现与发展促进了现代武器的变革和发展。纳米技术以空前的分

辨力为人类揭示了一个可见的原子、分子世界，纳米武器作为21世纪军事技术的先导，出现在军事领域。

纳米武器从实验室走向战场绝非戏言，纳米武器已经诞生，已经走上战场，在现代战争中展现了它的威力。随着纳米技术的发展，纳米武器将在全球引领一场真正意义的武器革命，并将同时带来作战理念、作战方法和作战样式的根本改变。

现代战争范围已扩展至陆地、海洋、天空、太空、电子等各个领域，随着纳米技术的发展，纳米微型军团将充斥海陆空战场，并将向未知领域和微观世界拓展。未来战场态势将更加复杂多变，战争也将变得更加扑朔迷离。

纳米武器已经出现在现实的世界，纳米战争已悄然向我们走来。

什么是纳米武器

纳米武器是在高科技时代出现的一种新型武器，它是利用纳米技术和纳米材料制造的武器系统，这是纳米技术在军事领域应用的结果。

纳米武器与一般武器不同，虽然它的尺寸很小很小，但是它的应用领域却很广很广。

美国科学家研究出了人形分子，将这些像人一样的小东西称为纳米小人，每个纳米小人站起来大约有2nm高，也就是人类平均身高的一亿分之一。

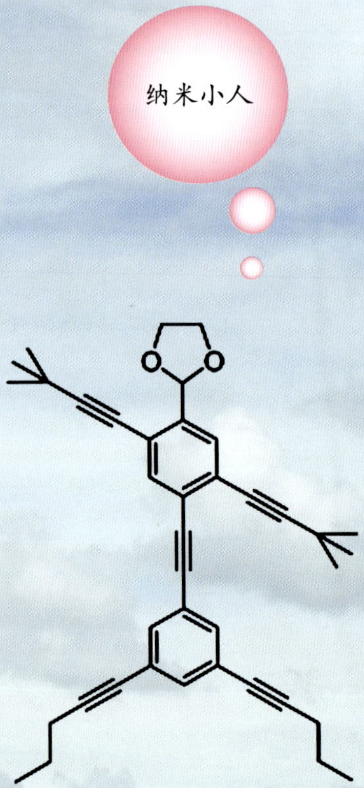

要是将这些纳米小人应用在军事领域，它们被称为纳米机器人，这就成了可怕的纳米武器。纳米武器是超微型化武器系统的集成，它使目前车载、机载、舰载的电子作战系统微缩至可单兵携带。所以，纳米武器隐蔽性好、便携性高、战斗力更强。同时，纳米武器具备高智能化特性，它获取信息的速度更快，侦察监视的精度更高。

由此看来，纳米武器真是一种潜力无限的新武器啊，不能小视了它！

纳米武器有哪些

纳米武器按照用途可以分为纳米信息系统和纳米攻击系统。

纳米信息系统主要包括：微型间谍飞行器，做得像一只蜜蜂般大小，用于战场侦察、情报收集；袖珍遥控飞机，是一种扑克牌大小的遥控飞行装置，机上装有超灵敏感应器，用于搜集战场情报；“间谍草”，是一种分布式战场微型传感网络，外形看似小草，但装有敏感的电子侦察仪、照相机和感应器，用于战场侦察；纳米卫星，是利用微电子机械和纳米电子技术制造的微型卫星；此外，还有用纳米材料和纳米技术制成的敌我识别器、有毒化学战剂报警传感器等。

纳米攻击系统，是运用纳米技术制造的微型智能攻击武器，有所谓“微型战士”的称号，这些微型战士按兵种分类，有所谓的微型陆军、微型空军、微型海军、微型天军。每一兵种又可以细分，如微型海军中有纳米鱼雷、纳米水雷、纳米导弹、纳米炸弹、纳米雷达、水下深潜探测器、无人水面侦察快艇、微型侦察潜艇等。

这些纳米微型武器将逐渐取代甚至战胜那些曾称雄一时令人生畏的重装武器系统，创造“小鱼吃大鱼”“老鼠胜大象”的奇迹。

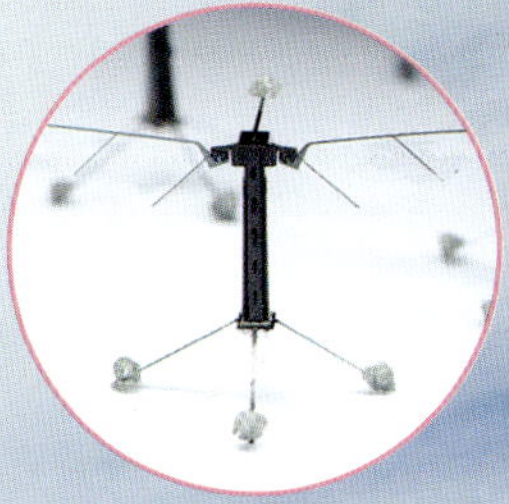

微型间谍飞行器

武装机器人

微型无人机

反狙击机器人

隐形武器的秘密

纳米技术在军事上首先应用于隐形武器中，隐形武器这个大家族中，隐形飞机是老大，而且也最早在现代战争中得到应用。

所谓隐形飞机，就是指使用了隐形技术的飞机。飞机之所以要隐形，不是为了捉迷藏，而是为了打仗，使敌方的侦察器材探测不到。隐形飞机在现代战争中得到应用，取得了令人惊叹的战果，显示了纳米武器的威力。最早走上战场的隐形飞机是美国F-117A隐形战斗机。

美国
F-117A
隐形战斗机

“黑蝙蝠”打冲锋

2003年3月20日晚，天空黑蒙蒙的，伊拉克首都巴格达灯火闪耀，伊拉克人全然不知道一场战祸马上要降临这座城市。

美军的6架B-2轰炸机突然出现在巴格达上空，它们是执行美军发动的代号为“斩首行动”的空袭。其中3架B-2轰炸机是从美军印度洋迪戈加西基地起飞，另3架是从美国本土起飞，经过38小时的长途飞行，来到了伊拉克首都巴格达的上空，对伊拉克进行首轮空袭。

B-2轰炸机有“黑蝙蝠”之称，样子像只蝙蝠，这6架B-2轰炸机在伊拉克的边境上空汇合后，一齐飞到伊拉克首都巴格达的上空，对伊拉克进行首轮空袭。“黑蝙蝠”对巴格达的目标十分熟悉，它们没有进行狂轰滥炸，而是首先攻击了伊拉克军队指挥部，随后B-2轰炸机又用机上携带的卫星制导炸弹攻击了巴格达的通信楼，摧毁了伊拉克的通信系统，使伊拉克军队的指挥和通信系统都陷于瘫痪状态，“黑蝙蝠”大显神威。

知识链接

B-2轰炸机

B-2轰炸机是美国空军的一种先进的隐形轰炸机，它是在B-52轰炸机基础上发展起来的战略突破轰炸机，具有隐形功能。该机机长21.03米，翼展52.43米，起飞质量181.43吨，实用升限15000米，可携载16枚远距离攻击导弹，或16枚巡航导弹，也可携载精确制导炸弹。

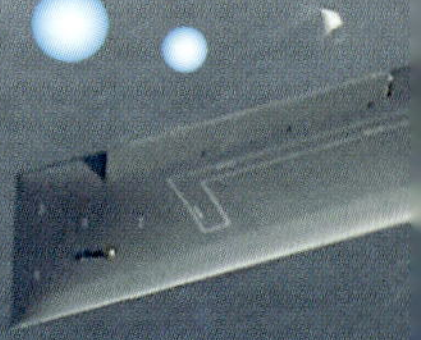

伊拉克军队有防空部队，伊拉克曾经花重金从国外购买了先进的雷达，在边境线和首都巴格达周围都设置了雷达站，具有完善的防空体系，美军的B-2轰炸机怎么能够不被雷达发现？怎么能越过伊拉克的防空体系？B-2轰炸机怎么会神不知鬼不觉地飞到了伊拉克首都巴格达上空？

原来，B-2轰炸机是一种隐形轰炸机，具有隐形功能。它的机身下表面涂有黑漆，在空中呈黑色，故有“黑蝙蝠”之称。该型轰炸机采用了多种隐形技术，使得敌方的雷达和红外探测器材难以发现。另外，由于它的机身上表面涂蓝灰色漆，机身下表面涂有黑漆，使得先进的光学观察器材也发现不了。

正是由于B-2轰炸机具有隐形功能，这样，它们就避开了伊拉克军队的“耳目”——雷达站的监视，长驱直入，闯进伊拉克首都巴格达上空进行“斩首行动”。

“黑蝙蝠”来到巴格达上空，对伊拉克军队的地面目标进行精确攻击。伊军防空部队虽然拼命抵抗对空射击，防空导弹也一齐发射，但就是打不到“黑蝙蝠”。因为伊军地面雷达发现不了隐形战斗机，只是对空无目标的射击。这些“黑蝙蝠”顺利完成了“斩首行动”，随后它们一架架安全地返回了基地。

在伊拉克战争中，美军的另一种隐形飞机F-117A“夜鹰”也大出风头。F-117A“夜鹰”是一种隐形战斗机，也是世界上第一种可正式作战的隐形战斗机。它在1981年6月15日就试飞成功，次年8月23日开始在美国空军秘密服役，共有59架。

F-117A隐形战斗机服役后一直处于保密之中。它自装备部队以来曾入侵巴拿马、海湾战争、科索沃战争、阿富汗战争、伊拉克战争等多次实战行动，取得不俗战果。特别是在海湾战争中，F-117A隐形战斗机充当先锋，在1991年1月17日凌晨发动的“沙漠风暴”作战中战果显著。2008年，F-117A“夜鹰”退出现役。

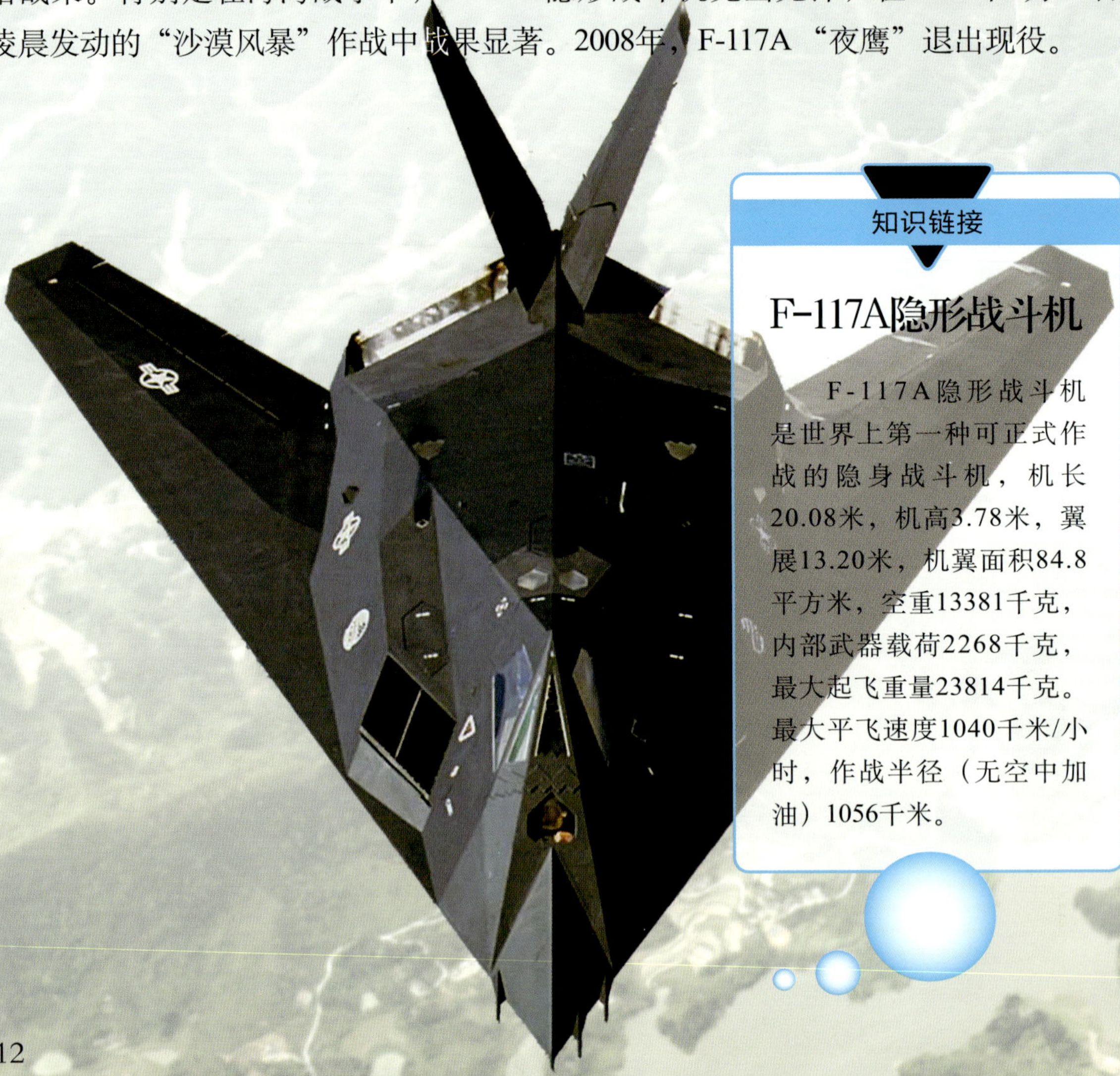

知识链接

F-117A隐形战斗机

F-117A隐形战斗机是世界上第一种可正式作战的隐身战斗机，机长20.08米，机高3.78米，翼展13.20米，机翼面积84.8平方米，空重13381千克，内部武器载荷2268千克，最大起飞重量23814千克。最大平飞速度1040千米/小时，作战半径（无空中加油）1056千米。

飞机为什么能隐形

隐形技术的发展最早开始于第二次世界大战时期，世界上第一架可以称得上使用了隐形技术的飞机是在第二次世界大战时德国设计的，只是没有在实战中得到应用。

目前世界上著名的隐形飞机有F-117“夜鹰”、B-2“幽灵”、F-22“猛禽”和F-35“闪电”等。其实，世界上并没有完全意义上的隐形飞机，即没有完全无法被探测到的飞机。

目前，飞机隐形的方法主要有：

一是减小飞机的雷达反射面，从技术角度讲，其主要措施有设计合理的飞机外形；另一个技术措施是使用吸波材料或在机身上涂覆特殊隐身涂料，发射、吸收雷达波，也可以达到对雷达探测隐形。

二是降低红外辐射，主要是对飞机上容易产生红外辐射的部位采取隔热、降温等措施。

三是运用隐蔽色，降低肉眼可视度，达到对视觉探测隐形。

隐形飞机采用的隐形技术中，最为神奇的是机身涂上一层高效吸收电波的物质，造成雷达无法追踪的效果。这种吸收电波的物质就是纳米吸波涂料，它能提高隐形飞机的隐形功能，使得B-2“幽灵”、F-117“夜鹰”等隐形战机成为神秘的空中杀手。

知识链接

隐形技术

隐形技术，俗称隐身技术，它是一种“低可探测技术”，即利用各种不同的技术手段来改变目标的可探测性信息特征，最大限度地降低被探测系统发现的概率，使己方目标、己方的武器装备不被敌方的探测系统发现和探测到。隐形技术涉及电子学、材料学、声学、光学等许多技术领域，它包括雷达隐形、红外隐形、磁隐形、声隐形和可见光隐形等。

隐身涂料大家族

隐形飞机之所以能隐形重要的一点是它采用了多种隐形技术，其中最主要的就是在其表面涂覆隐身涂料。

隐身涂料和一般涂料不同，不仅对武器系统结构起保护、装饰、标志作用，还能起到隐身作用。

隐身涂料种类很多，是一个大家族。按其功能可分为雷达隐身涂料、红外隐身涂料、可见光隐身涂料、激光隐身涂料、声呐隐身涂料和多功能隐身涂料等。

由于雷达侦察是目前世界上用得最多、最有效的侦察手段之一，因此雷达隐身技术自然也就成为一种最重要的隐身技术。红外隐身涂料是指用于减弱武器系统红外特征的信号以达到隐身技术要求的特殊功能涂料。可见光隐身涂料是一种视频隐身技术，弥补雷达隐身和红外隐身的不足。激光隐身涂料是指用于减弱激光强度，起到激光隐身作用。

知识链接

涂料

涂料，俗称油漆，是一种能牢固覆盖在物体表面，起保护、装饰、标志和其他特殊用途的化学混合物。这种材料可以用不同的施工工艺涂覆在物件表面，形成黏附牢固、具有一定强度、连续的固态薄膜。

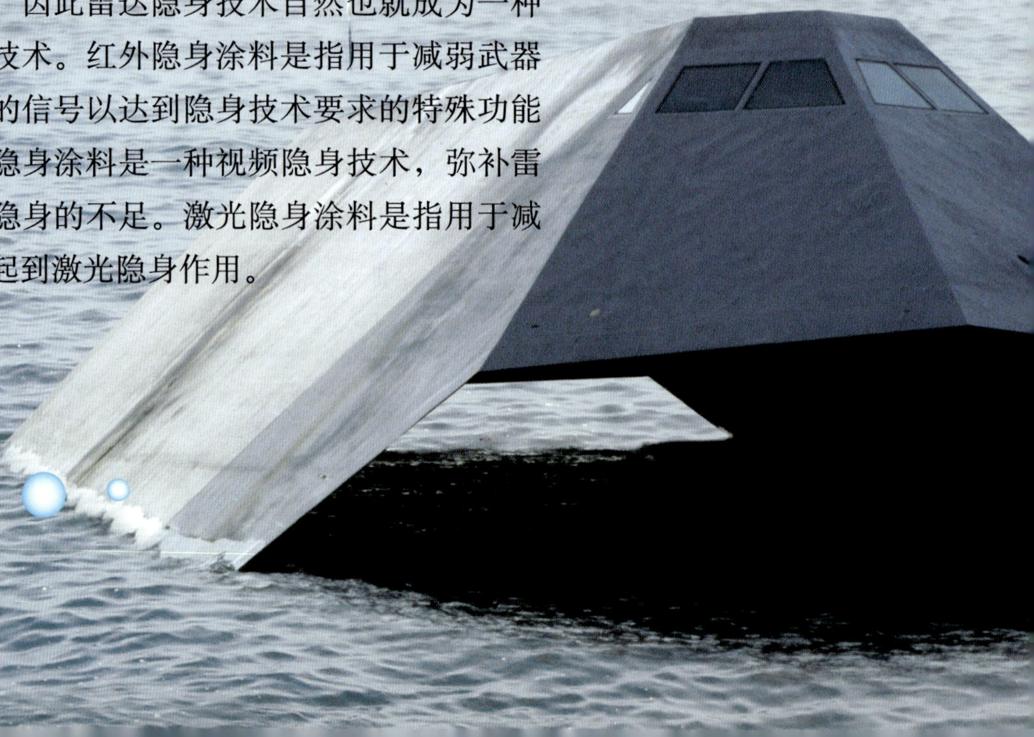

美国海军“海影”号隐形试验舰

神奇的纳米隐身涂料

目前世界上用得最多、最有效的侦察手段是雷达探测，故隐身技术的发展主要针对雷达探测。所以，雷达隐身涂料是隐身技术重点发展项目。在众多涂料中，纳米隐身涂料是后起之秀，它用纳米材料制成具有隐身功能的涂料，可以躲避雷达的探测，同时也有红外隐形的作用。

纳米隐身涂料首先应用在军用飞机上，如出现了多种隐形飞机。不仅是军用飞机，其他武器装备涂覆了纳米隐身涂料，也会使敌方雷达、红外线、光电、目视等观测器材难以发现，从而增强武器装备攻击的隐蔽性和突然性，提高武器装备的生存力和作战效能。

蓝天上有涂覆纳米隐身涂料的隐形飞机，海洋上也有涂覆纳米隐身涂料的隐形舰艇。世界上第一艘隐形舰艇出现在20世纪80年代，它是美国建造的“海影”号，这是一艘隐形试验舰。它可以躲避包括雷达、声呐在内的几乎一切探测设备的侦察。

英国国防部正在发展隐形坦克，并曾经进行过数次坦克隐形试验。“隐形坦克” 之所以能隐形，除了采用合理的外形设计和采用隐形材料外，另一个主要原因是车体上涂覆纳米隐身涂料，能做到让肉眼难以分辨的程度，甚至让肉眼“视而不见”。在地面战场对抗中，敌方可能要在“隐形坦克”已经非常接近，甚至已经开火后才发觉。这就大大提高了袭击的突然性，并使坦克的战场存活率大幅提高。

经过几十年的发展，隐身涂料已不仅仅用于飞机、导弹等装备，几个主要工业化国家和军事强国已开始将隐身涂料技术应用于其他多种技术装备上。

未来士兵的“纳米战袍”

纳米作战服是在普通作战服表面涂上一层纳米结构涂层，这就成了所谓的“纳米战袍”。

别小看了这薄薄的一层纳米结构涂层，就是它才使得普通作战服具有特异功能，成为未来士兵的“纳米战袍”，使未来战场上士兵具有非凡本领，并给未来作战样式带来一场新的变革。

纳米作战服使未来士兵具有非凡本领

REAR

“纳米战袍”的由来

你玩过《孤岛危机》吗？这是一款科幻题材的第一人称射击游戏，这个电子游戏讲的是一个外星人入侵地球的故事。一颗小行星坠落地球，美国派出了一支由精英战士组成的小分队前去探查。突然，那颗小行星爆开了，从中飞出了一只超级大飞船，该飞船制造出一个圆形力场，冻住了地球上一个小岛的大部分区域，而且改变了地球的气候，同时外星人也开始入侵地球。最后，昔日的敌人变为盟友，他们联手抵御外星人的入侵，拯救人类文明。

在这个电子游戏中，主角们都有非凡本领，武器超先进，武艺高超，其原因是主角们都穿纳米作战服，这些纳米作战服具有神奇的功能。

当然，《孤岛危机》中的纳米作战服是虚构的，是游戏设计、制作者幻想出来的，和未来士兵应用的纳米作战服是不一样的。但是，《孤岛危机》为人们开阔了视野，让人们知道了纳米作战服，以及纳米作战服的种种奇特功能。

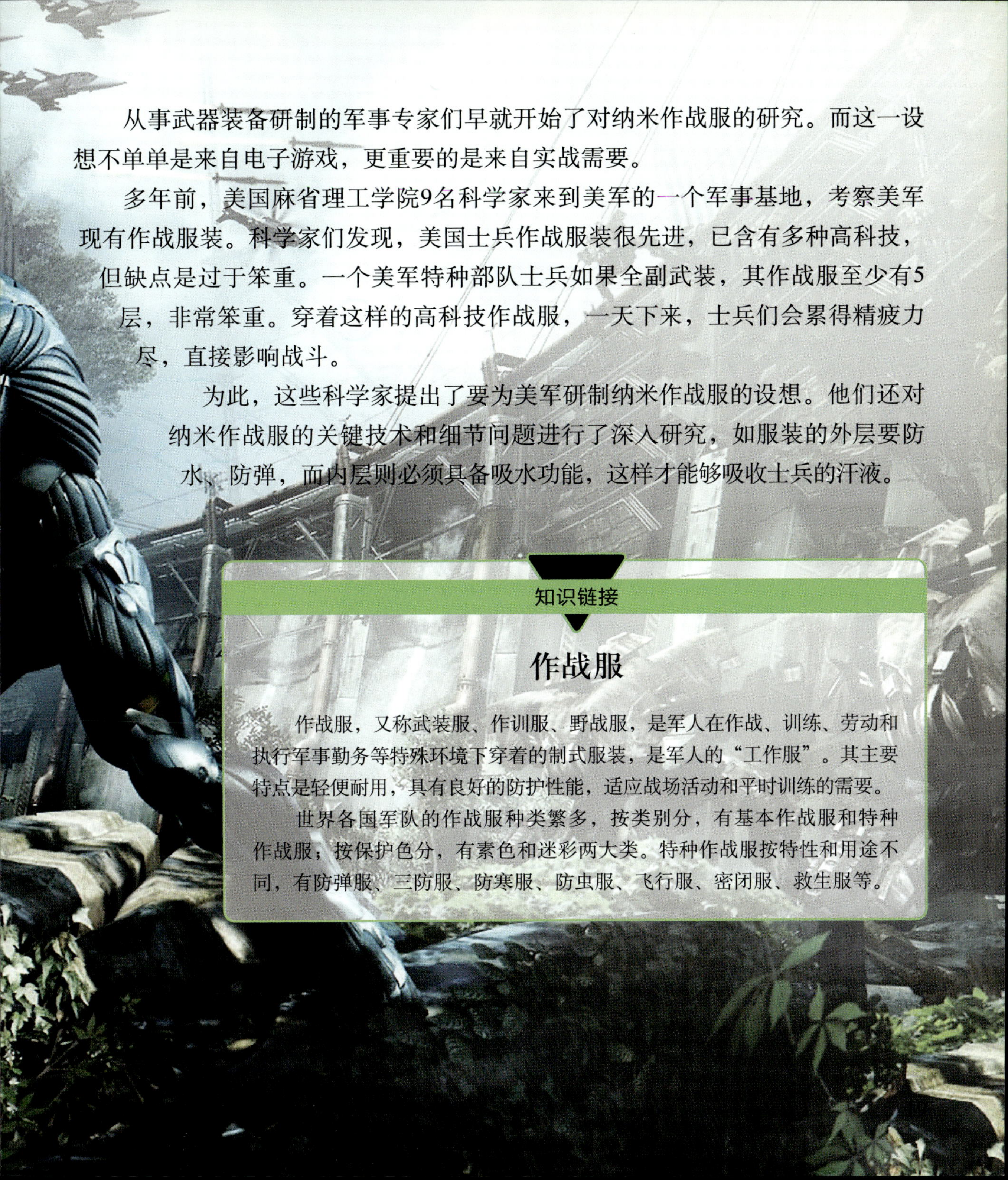

从事武器装备研制的军事专家们早就开始了对纳米作战服的研究。而这一设想不单单是来自电子游戏，更重要的是来自实战需要。

多年前，美国麻省理工学院9名科学家来到美军的一个军事基地，考察美军现有作战服装。科学家们发现，美国士兵作战服装很先进，已含有多种高科技，但缺点是过于笨重。一个美军特种部队士兵如果全副武装，其作战服至少有5层，非常笨重。穿着这样的高科技作战服，一天下来，士兵们会累得精疲力尽，直接影响战斗。

为此，这些科学家提出了要为美军研制纳米作战服的设想。他们还对纳米作战服的关键技术和细节问题进行了深入研究，如服装的外层要防水、防弹，而内层则必须具备吸水功能，这样才能够吸收士兵的汗液。

知识链接

作战服

作战服，又称武装服、作训服、野战服，是军人在作战、训练、劳动和执行军事勤务等特殊环境下穿着的制式服装，是军人的“工作服”。其主要特点是轻便耐用，具有良好的防护性能，适应战场活动和平时训练的需要。

世界各国军队的作战服种类繁多，按类别分，有基本作战服和特种作战服；按保护色分，有素色和迷彩两大类。特种作战服按特性和用途不同，有防弹服、三防服、防寒服、防虫服、飞行服、密闭服、救生服等。

“纳米战袍”的奥秘

“纳米战袍”指的是纳米作战服，什么是纳米作战服呢？

所谓纳米作战服是指普通作战服涂上纳米结构的涂层，使其强度、韧性、耐腐蚀、耐磨、抗氧化、抗热疲劳等性能有显著改善，使作战服具有特异功能。

纳米作战服和普通作战服不同，它轻盈、透气性好，并具有极高的强度和韧性，且防护功能好。有的纳米作战服能感知周围颜色，具有隐形功能；有的能膨胀收缩，具有治疗功能；还有的纳米作战服配有用纳米材料制成的防弹头盔，在纳米防弹头盔内配有超微电脑，使纳米作战服实现智能化。

美国科学家还想研制一种“肌肉军服”，士兵穿上后，力量将大大增强，不仅越障攀登如履平地，甚至能够翻越高楼大厦。

纳米作战服为什么能具有如此神奇功能呢？

原来，一些纳米碳管具有很高的强度，比一般的高强度钢要高一百多倍，用纳米碳管制造的复合材料具有强度高、重量轻、耐高温等特性，用纳米碳管制作的防弹衣柔软、合身、防弹性能极好。

“纳米战袍”之所以具有如此奇特功能，其实都是纳米材料和纳米技术的功劳！

隐形纳米作战服

1899年，一个团的英国士兵正在进攻非洲南部马朱巴山上的布尔人民兵。布尔人是当地的荷兰人后裔，“英布战争”持续了3年。尽管英军士兵装备先进、训练有素，勇猛善战，但是在布尔人民兵面前，一个个倒了下来。

是什么原因使英军士兵败下阵来呢？

原来，当时的英军士兵穿着猩红色的军装，阳光下目标明显，尤其在南非的森林和热带草原的绿色中格外醒目，极易暴露。布尔人发现了这个秘密，将自己的军服和枪炮改为草绿色，便于在密草丛林中隐藏。布尔人民兵穿了易隐蔽的服装，又躲在丛林里，成了隐形人。

这样，穿着猩红色军装的英军士兵成了布尔人民兵的靶子，而英军士兵却发现不了躲在丛林里的布尔人民兵。虽然，这场战争最终还是英军取得了胜利，但英军伤亡达9万多人，远远超过了布尔人民兵的伤亡人数。

“纳米战袍”是一种隐形作战服。该种作战服的表面涂料中加入纳米材料，可以大量吸收电磁波，提高士兵的隐形性能。

知识链接

迷彩服

迷彩服是一种作战服，是作战服的一种基本类型，“迷彩”是由绿、黄、茶、黑等颜色组成不规则图案的一种新式保护色。现代迷彩服要求它的反射光波与周围景物反射的光波大致相同，这样不仅能迷惑敌人的肉眼侦察，还能对付红外侦察，使敌人现代化侦视仪器难以捕捉目标。

未来战场的微型装备

随着纳米技术的迅猛发展，特别是微机电系统可以加工出纳米齿轮、纳米弹簧、纳米喷嘴、微型传感器、微型执行机构等零部件。而纳米技术又将传感器、电动机和数字智能装备集成在一块芯板上，将主要的传感器、电子系统、数据传输集成在单个纳米结构上，如同研制集成电路一样，制造出尺寸仅为几厘米的微型装置和设备。

纳米武器是超微装置或微型武器。例如，小型智能机器人大的如靴盒，小的如硬币，他们会爬行、跳跃，可以飞过雷区，穿过沙漠，登上海滩；纳米卫星和纳米飞行器可以在几千公里以外，为战斗部队搜集情报。利用纳米技术制造的微型机电武器可用于敌我识别、探测核辐射或毒剂污染。

纳米武器的基础是微型装置和设备，它们的研制成功为军事科技人员研制纳米武器奠定了物质基础。

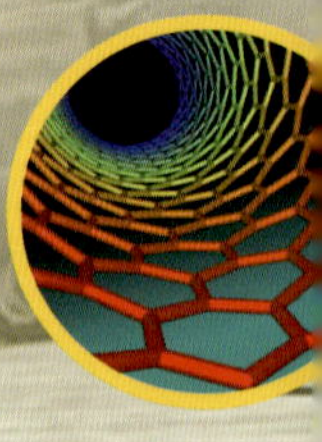

TA-0684
Mechanical or sonic vibration flexes nanowires and generates electricity

纳米武器新动力——纳米电池

纳米电池是微型机电设备中较重要的一种，它为各种纳米武器装备提供动力源。它是指用纳米材料制作的电池。目前国内技术成熟的纳米电池是纳米活性碳纤维电池，主要用于电动车辆上。

纳米电池由正负电极、电解质、聚合物隔离膜组成，它的负极材料是纳米化的天然石墨，正极是纳米化材料，采用复合的多层微孔膜作为隔离膜，并在电解质中加入导电的纳米碳纤维。

知识链接

电池

电池，又称蓄电池，也称二次电池，它是化学能转换成电能的装置，是储存化学能量，必要时放出电能的一种电气化学设备。电池放电后，能够用充电的方式使内部活性物质再生——把电能储存为化学能；需要放电时再次把化学能转换为电能。

3D打印机

3D打印机是快速成形技术的一种机器，它是以一种数字模型文件为基础，运用粉末状金属或塑料等可黏合材料，通过逐层打印的方式来构造物体。其原理是：把数据和原料放进3D打印机中，机器会按照程序把产品一层层制作出来。打印出的产品可以即时使用。

纳米发电机

发电机是为武器系统和军事装备提供电力的重要设备，陆、海、空军都离不开发电机。但是，现有军用发电机不论哪种类型，其重量重、体积庞大。

我国国家纳米科学中心的研究团队成功地在纳米尺度范围内将机械能转换成了电能，研制出了纳米发电机。它能够给传统的小型电子设备提供电力，点亮一台小型液晶显示屏（LCD）。

纳米发电机不采用传统的发电模式，既不是现有发电机的微型化，也不是由锭子、转子、轴承等部件组成的，而是采用了全新的发电模式和发电原理。它使用一排纤细的纳米线从周围环境中收集机械能，然后将其转化为电能，给电子设备提供电力。

纳米发电机无论在生物医学、军事、无线通信和无线传感方面都将有广泛的应用。未来“纳米战士” 鞋内装上一个 “纳米发电机”，甚至体内装上一个“纳米发电机”，“纳米战士” 一边行军，进行战斗，一边就可以给手机、MP3播放器、通信器材及随身配备电器设备进行充电。在不久的将来，这将有望成为现实。

知识链接

发电机

发电机是将其他形式的能源转换成电能的机械设备，它由水轮机、汽轮机、柴油机或其他动力机械驱动，将水流、气流、燃料燃烧或原子核裂变产生的能量转化为机械能传给发电机，再由发电机转换为电能。发电机通常由锭子、转子、端盖及轴承等部件构成，其工作原理是：用适当的导磁和导电材料构成互相进行电磁感应的磁路和电路，以产生电磁功率，达到能量转换的目的。

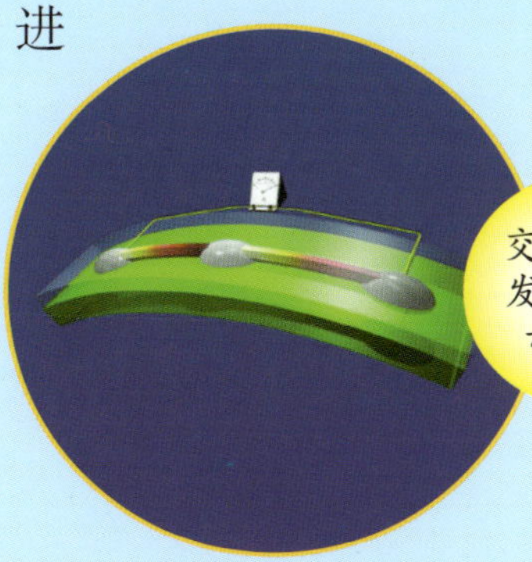

交流纳米发电机的示意图

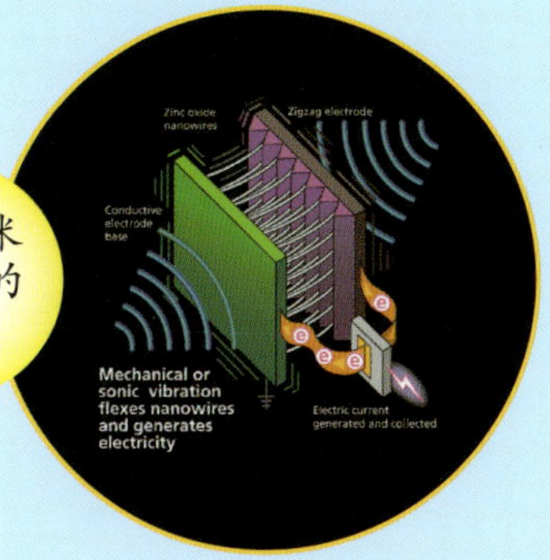

纳米电线

纳米科学领域正处于发展的初级阶段，纳米电路即纳米网电路就是一个新的纳米科学领域，在特定物理表面上“书写”信息的方式有多种。但这些方式都只能一次“书写”一个分子，因此都会耗费大量的时间。

加拿大科学家成功地制造了一种纳米“电线”，可以在一个物理表面上实现分子“链式”反应，生成纳米电路所需的纳米“电线”。

“纳米电线”能够实现多个分子自行汇聚到一起，由它们自己同时“书写”一个完整的图形，而这个图形是一条无限长的线形图形，这就为制造纳米电路所需的分子细“电线”打下了技术基础。纳米“电线”的研制成功大大缩短了目前在特定表面“书写”分子信息的时间，为实现纳米电路制造带来了新希望。

知识链接

同轴电缆

我国纳米领域首席科学家张立德研究员率领的研究小组成功合成出只有头发丝五万分之一细的纳米级同轴电缆。同轴电缆是指有两个同心导体，而导体和屏蔽层又共用同一轴心的电缆。最常见的同轴电缆由绝缘材料隔离的铜线导体组成，在里层绝缘材料的外部是另一层环形导体及其绝缘体，然后整个电缆由聚氯乙烯或特氟纶材料的护套包住。

纳米计算机

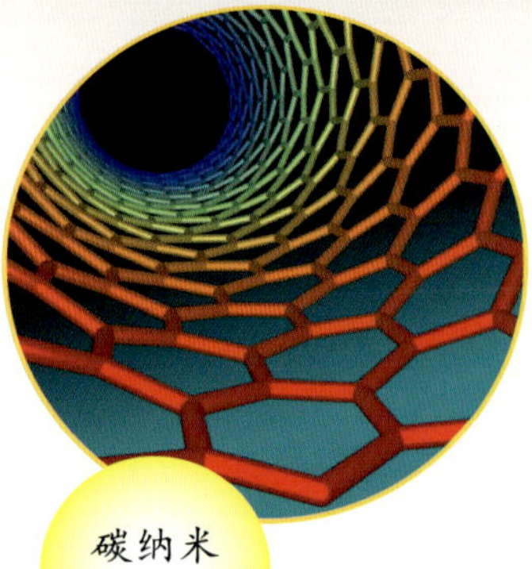

碳纳米晶体管

纳米计算机是指将纳米技术运用于计算机领域所研制出的一种新型计算机。

人们之所以要研究纳米计算机是因为现有计算机使用的硅芯片已经到达其物理极限，体积无法再小，通电和断电的频率无法再提高，耗电量也无法再减小。科学家们认为，解决这个问题的途径是研制“纳米晶体管”，并用这种纳米晶体管来制作“纳米计算机”。纳米计算机的运算速度要比硅芯片计算机快上万倍，而且耗费的能量也减少很多。

2013年9月26日，美国斯坦福大学宣布，人类首台基于碳纳米晶体管技术的计算机已成功测试运行。这是人类利用碳纳米管生产出的最复杂的电子设备。碳纳米管是由碳原子层以堆叠方式排列所构成的同轴圆管，其体积小、传导性强、支持快速开关，当被用于晶体管时，其性能和能耗表现要远优于传统硅材料。首台基于碳纳米晶体管技术的计算机研制成功，使得计算设备体积越来越小，价格越来越低，性能则越来越强大。

纳米计算机可以应用到微型机器人中，让微型机器人具有智能；纳米计算机应用到诸多军事装备和武器系统中，让它们成为智能武器，从而使纳米武器性能更先进、更完善，应用领域更广泛。

首台碳纳米晶体管计算机

纳米技术点石成金

纳米技术的核心是微机电技术，它不是通常意义上的简单的系统小型化、微型化，而是制造原理上的彻底变革。

近10多年来，微机电技术获得了实质性突破，科学家们成功研制出了纳米齿轮、纳米弹簧、纳米喷嘴、纳米轴承等微型构件。与此同时，微型传感器、微型执行器等也相继制成。

纳米技术不仅能创造新装置、新设备、新系统，还能改造老的装置、设备和系统，使其“旧貌换新颜”，发生质的变化，具有“点化”性能威力。

激光器是利用受激辐射原理使光在某些受激发的物质中放大或振荡发射的器件。美国德州大学的研究人员研制出最小的半导体激光器，只有30纳米宽，这个激光器能够通过刺激微型管道内的原子，产生巨大的绿光。这样的纳米激光器可以用来将电子信号转换成光脉冲，加快电路传输数据的速度。

无论是电子观察器材、电子通信设备，还是电视、电脑等，大多数电子设备都需要几十甚至几百个电容器，用来存储和释放电能。军事上现在陆军战士所面临的一个重要问题是在任务持续时间存在不确定性时缺乏足够的电池与充电能力，他们需要使所有的废弃电池可以重新使用。美国科研人员研制出一种打破充电纪录的超级电容器。这种超级电容器就是用纳米技术对电容器进行改造的结果，该设备储存的电量相当于镍氢电池的电量，但是充电只需用几秒钟，这很好地解决了陆军战士所面临的充电难题。

纳米材料表面具有无序性、高活性等特点，因而催化和氧化作用特别强，在固体火箭燃料中加入适量的镍纳米微粒，可使火箭燃料的燃烧效率提高100倍，使导弹的射程增加好几倍。若将纳米铝粉加入高能量密度材料中制成纳米炸药，纳米炸药的威力将比普通炸药提高几十倍甚至上百倍。

一种纳米紫外线激光器

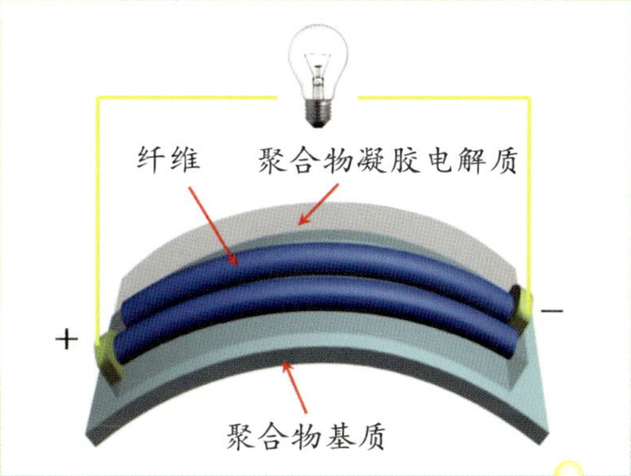

结合石墨烯和纳米碳管的超级电容器

未来战场的微型武器

纳米技术把传感器、电动机和数字智能装备集成于一块芯板上，制造出几厘米大小的微型装置、微型设备。利用这些微型装置和微型设备，制造出了一批微型武器，有太空里活动的军用卫星，天上飞的战斗机、无人机，海洋里行进的舰艇、水中兵器，还有陆战场上士兵的武器装备等。

各种各样微型武器的出现是高科技和纳米技术发展的结果。形形色色微型武器的应用对现代战争产生深刻影响，它不仅会改变武器发展历程，还会改变未来战争的理论和模式，使武器世界和军事领域发生翻天覆地的变化。

太空里的纳米卫星

纳米卫星是一种重量、尺寸减到最低限度的微型卫星，其星体重量不足10千克，它几乎都是由批量生产的专用集成微型仪器构成。纳米卫星体现了航天器微小化的发展趋势。

纳米卫星的概念是1995年由美国科学家首先提出的。科学家们将卫星按重量分类：1000千克以上的为大型卫星；100～500千克的为小型卫星；10～100千克的为皮卫星；10千克以下的为纳米卫星。

纳米卫星体积很小，仅仅比麻雀略大一点。由于这种卫星上的部件和仪器都安装在集成电路芯片上，是最先进的微机电一体化集成技术的整合，因而被誉为“芯片级卫星”。

纳米卫星与皮卫星一样，同属于微型卫星一类，它们和一般卫星不同，具有很多特点。

一是研制成本低，不需要大型实验装置和厂房。研制发射一颗质量为1000千克的卫星，其费用至少需要1亿美元，而一颗纳米卫星的造价不超过100万美元。

二是纳米卫星的研制周期短。研制一颗大型卫星的周期为10年左右，而一颗皮卫星、纳米卫星的研制仅仅需要两三年即可。

知识链接

皮卫星

皮卫星指重量为千克级的微小卫星，它与一般较大卫星相比，具有成本低廉、制造和发射周期短、应急反应快等特点。而且，皮卫星对火箭发射的要求相较大卫星也较低。大卫星从进入发射基地到上架发射要几十天，而皮卫星从进场到发射，只需要几天时间。所以，皮卫星被航天科技界称为紧急状态下的“突击队”，是目前世界航天领域研究的热点之一。

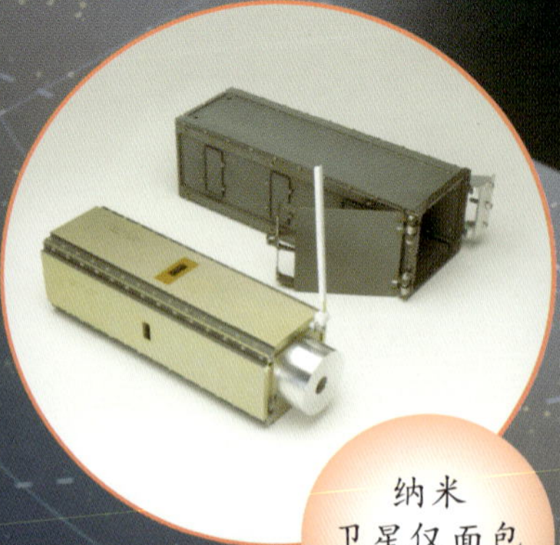

纳米卫星仅面包块大小

三是节约了发射、回收成本。由于皮卫星、纳米卫星一般在低轨道运行，常采用搭载发射，发射、回收成本低，不需要大型发射装置。用一枚中等运载火箭即可将纳米卫星送上天，甚至，一枚小型火箭一次就可以发射数百颗纳米卫星。

四是纳米卫星可以发挥群体优势。纳米卫星常常以星群的形式部署使用，以发挥“蚂蚁雄兵”的强势效果。

发射纳米卫星不仅节约了发射、回收成本，而且还节约了轨道空间。为了降低发射费用，纳米卫星多半采用一箭多星的搭载方式发射。

纳米卫星技术研究及其组网应用技术是国际卫星技术研究的热点之一，属高新技术探索范畴。利用该技术发展高频段的、高速宽带的低轨道星座系统，构筑太空信息高速公路，将成为21世纪的热点。因为它比光纤通信成本低、建造容易，是信息时代的主力军。

纳米卫星体积小、隐蔽性好、反应快速、机动性好、生存能力强、成本低，特别适用于局部战争和信息战争。纳米卫星突破了传统的“一星多用、长久工作”的设计思想，不追求全面、综合、完美，而主张简化设计，所以它利用中小型火箭就可以发射啦。

纳米卫星的应用前景十分广阔，尤其在军事领域，如可以用来进行军事侦察，包括战略侦察和战术侦察，搜集军事情报和战场实况，监测敌情等。纳米卫星也可以用于军事通信，如传递军事情报等。

军用纳米卫星的研制和应用，会给空间技术的发展和军事侦察、军事通信技术的发展带来革命性的变化。

蓝天上的纳米飞行器

纳米军团是通过纳米技术的设计、控制单个原子或分子，并在纳米结构层面重新进行原子或分子排列组合，来构造出各种超微装置或武器等装备的军队。其中最耀眼的是纳米飞行器。

蓝天上的纳米飞行器种类很多，有纳米飞机、纳米直升机、纳米无人机、纳米导弹等。

纳米飞机、纳米直升机是一种利用纳米材料、纳米技术制造的飞行器，如只有苍蝇般大小的袖珍飞行器，它们可携带各种探测设备，具有信息处理、导航和通信能力；还可携带微型纳米激光导航炸弹。这些纳米飞机可以悬停、飞行，敌方雷达根本发现不了它们。

德国研制的一种微型直升机，重量仅400毫克，其发动机直径只有1～2毫米，转速达4万次/分钟，据报道可以平稳地起降于一颗花生上。它还能适应全天候作战，可以从数百千米外将其获得的信息传回己方导弹发射基地，再引导导弹攻击目标。

纳米飞行器实际上就是会飞的纳米机器人。最近几年一些国家已经研制了不少可以从手上发射的微

知识链接

无人机

无人机是无人驾驶飞机的简称，是利用无线电遥控设备和自备的程序控制装置操纵的不载人飞机。地面、舰艇上或母机遥控站人员通过雷达等设备，对其进行跟踪、定位、遥控、遥测和数字传输。它可在无线电遥控下像普通飞机一样起飞或用助推火箭发射升空，也可由母机带到空中投放飞行。

导弹

导弹是依靠自身动力装置推进，由制导系统导引、控制其飞行路线，并导向目标的武器。它是依靠制导系统来控制飞行，使其飞向指定的攻击目标，用它携带的战斗部装药，打击、毁伤目标。

型无人机，例如“瑞士军刀”“黄蜂”“阿纽比斯”“乌鸦”等微型无人机。虽然，这些微型无人机不属于纳米飞行器，但这些微型无人机均利用了纳米技术。现在，一些国家正在研制新一代纳米无人机，这些纳米无人机只有昆虫般大小。其中有一种被称为扑翼飞机，实际上就是运用了昆虫的翅膀来实现空中飞行。

根据海外军事专家介绍，纳米无人机的研究价值在于这些微型无人机不容易被发现，可以快速反应、持续作战、机动性好。而且，制造成本低廉，可以大量生产制造。

纳米导弹又称蚊子导弹，是一种微型精确制导武器。由于纳米器件比半导体器件工作速度快得多，可大大提高武器控制系统的信息传输、存储和处理能力，可制造出全新原理的微型导航系统，使制导武器的隐蔽性、机动性和生存能力发生质的变化。

利用纳米技术制造的形如蚊子的微型导弹可以起到神奇的战斗效能，纳米导弹直接受电波遥控，可以神不知鬼不觉地潜入目标内部，摧毁敌方控制系统的电子元件，其战斗部威力足以炸毁敌方火炮、坦克、飞机、指挥部和弹药库。

“蜂鸟”
纳米无人机

微型
直升机

微型
间谍飞行器

战场上的纳米机器人

军用机器人是指为了军事目的而研制的自动机器人，是用于军事战斗的机器人。军用机器人已经走上战场。在伊拉克与阿富汗战场上，美军军用机器人在路口搜寻汽车炸弹或检查建筑物，进行辅助战斗。

战场上的纳米机器人是用纳米技术制造的军用机器人，用于军事战斗。纳米机器人包括：陆战场纳米机器人，可用于地面战斗，主要是指智能或遥控的轮式和履带式车辆；空中纳米机器人，即纳米无人机；空间纳米机器人，可在外太空飞行；水下纳米机器人，即纳米无人潜水器。它们都是应用纳米材料和纳米技术制造的军用机器人。

纳米机器人是军用机器人的后起之秀，他们是一群迷你机器人，

知识链接

军用机器人

军用机器人是指用于军事领域的具有某种仿人功能的自动机器。军用机器人可以代替一线作战的士兵，以降低人员伤亡和流血。军用机器人种类很多，按照应用场所不同有：地面机器人，主要指智能或遥控的轮式和履带式车辆；空中机器人，即无人机；空间机器人，可在行星的大气环境中导航及飞行；水下机器人，又可分为有人机器人和无人机器人两大类，无人机器人又称无人潜水器。

武装机器人

虽然个子小、重量轻，但战斗效能不可小视。纳米机器人可以代替一线作战的士兵，以降低战场上战斗人员伤亡和流血。

英国谢菲尔德机器人中心的研究人员在实验中对一群迷你机器人进行“训练”后，这群机器人可以自主组织成一个团队，共同完成一些简单任务，如抓取或搬移物体。这群迷你机器人就是一群纳米机器人。

“蚂蚁雄兵”是微型纳米机器人的俗称，这些纳米战士无所畏惧，而且他们神出鬼没，一般不直接与敌人作战，而是专打敌方“七寸”。

有人设想一种通过声波控制的纳米机器人，这些机器人比蚂蚁还小，但具有惊人的破坏力。它们可以通过各种途径钻进敌方武器装备中，长期潜伏下来。一旦启用，这些“纳米士兵”就会各显神通：有的专门破坏敌方电子设备，使其短路、毁坏；有的充当爆破手，用特种炸药引爆目标；有的施放各种化学制剂，使敌方军事装备中的金属变脆、油料凝结或使敌方人员神经麻痹、失去战斗力。

稍微大一些的纳米机器人是虫子机器人，大小介于甲虫到蜥蜴之间，使用机械腿，或者翅膀，或者推进器爬行、飞行、跳跃、滑动，到达建筑物、洞穴、墙壁之后，便隐藏起来搜集周围环境的声音、图像、热量等信息和有关数据，并把这些信息、数据传递到指挥所。

哈佛大学实验室就开发了一种虫子机器人，其重量与真正的蜜蜂差不多，大约为0.1克，大小是真正的昆虫的四分之一，它有一对飞舞的翅膀、一个胸腔以及保持稳定的装置，还配备电池、微型处理器、传感器、变送器以及天线，可以执行空中侦察和监视任务。

水下的纳米鱼雷和纳米潜艇

在湛蓝的大海中，一艘大型水面战舰在海面上游弋。战舰上的警戒雷达和声呐都没有发现敌方目标在周围活动。

一大群几厘米长的“鱼儿”正朝这艘大型水面战舰急速游来。“看！怎么有这么多鱼儿向我舰游过来！它们好像不是真的鱼……”

凭舷俯视的一位水兵话还未说完，便听见舰旁响起了一连串的爆炸声，舰体急速倾斜，海空中烟雾弥漫。舰长还没有反应过来，这艘大型水面战舰便沉入万顷波涛之中。

这是一个假想的战斗故事，游向战舰的根本就不是什么鱼群，而是敌方最新研制的微型纳米鱼雷群。这些鱼样的微型纳米鱼雷是由在水下活动的纳米潜艇在水下秘密发射的。

可别看这种纳米鱼雷的个儿小，它的战斗效能可不小。纳米鱼雷依靠体内的高爆炸药，加上大批量的

知识链接

鱼雷

鱼雷是一种水中兵器，它可从舰艇、飞机上发射，发射后可自己控制航行方向和深度，自行攻击目标。用于攻击敌方水面舰船和潜艇，也可以用于封锁港口和狭窄水道。

潜艇

潜艇，又称潜水艇，是一种水下战斗舰艇。潜艇的种类繁多，按体积可分为大型潜艇、中小型潜艇和袖珍潜艇；按照动力可分为常规动力潜艇、核潜艇；按照武器装备可分为鱼水雷潜艇、导弹潜艇等。

猛烈撞击，任何大型舰船在它们集群的攻击下都招架不住，最终只能落得个体无完肤、粉身碎骨。

纳米鱼雷是用纳米材料和纳米技术制造的鱼雷，雷体只有炮弹般大小，但它的威力却是一般鱼雷的几倍，速度是现役鱼雷的五倍之多，并具有相当强的隐身和突防功能，可进行远距离进攻，而且不易被敌方的声呐或其他水声探测器材所发现。

纳米潜艇是用纳米材料和纳米技术制造的潜艇。由于纳米量子器件的工作速度要比半导体器件快1000倍，能大大提高武器的信息传输、存储和处理能力，用纳米材料制造潜水艇蒙皮，可以灵敏“感觉”水流、水温、水压等极细微的变化，并最大限度地降低噪声、节约能源，也能提前察觉来袭鱼雷、导弹，以及时规避。

纳米潜艇组成“微型敢死队”，称为“微型机器人部队”。纳米潜艇可在水下发射纳米鱼雷，让纳米鱼雷隐蔽地接近敌方目标，集群地进行鱼雷攻击，使敌方水面舰船防不胜防，难逃覆没下场。

利用比头发丝还细的碳纳米管薄片制造出的扬声器能够发出声音，同时也可以消除噪声，这种属性对于潜艇来讲无疑是最为理想的。利用这种特性，潜艇声呐能探测海洋的深度，同时也能令敌方声呐等声探测器材发现不了，使潜艇具有对声探测隐身的特性。

有军事专家认为：纳米技术可以把现代或未来的水下深潜探测器或空中飞行侦察器上的全部电子系统集成在一块芯片上，实现上述目标完全可能。这样，己方的潜艇声呐能够探测海洋的深度，同时也能令敌方潜艇难以隐身。

纳米武器的未来

人们曾将21世纪喻为“光的时代”“高科技时代”“信息化时代”等，但未来关键技术几乎均与纳米技术的发展紧密相关，因为纳米技术正在引领计算机革命、光革命及生物工程革命，从而创造出新的时代奇迹。

纳米武器是纳米技术在军事领域的应用，是纳米技术发展的产物。就像高科技武器引领高科技发展一样，纳米武器也将引领纳米技术发展。可以这样说，纳米武器的发展方向代表了纳米技术的发展方向。

纳米武器将带来什么

纳米武器是纳米技术发展的产物，是用纳米技术制造的微型武器系统，一般来说几乎没有肉眼看得见的硬件单元的连接，省去了大量线路板和接头，因此与其他小型武器相比，其成本将低得多，使用起来却十分方便。

纳米武器和纳米军团

纳米武器的出现和使用，使得现代武器库中多了一种新武器，这种新武器有全新的概念。纳米武器的出现和使用，也使得未来军队中军、兵种的构成悄然发生变化，纳米军团应运而生。因此，纳米技术铸造了“纳米军团”。

由于纳米武器尺度小，隐蔽性好，不易被发觉，它们可以潜伏在敌方关键设备中长达几十年之久。平时相安无事，战时则可群起而攻之，令人防不胜防。

现代战争范围已扩展至陆地、海洋、天空、太空等各领域，战争模式已从传统的陆战、海战、空战，扩大至电子战、网络战、太空战、核战、化学战、生物战等各种特种战，纳米武器的出现和应用使纳米战也成为特种战的一种，纳米战也将成为现代战争的一种模式。

尽管研制部署分布式航天器系统、超微型侦察与监视系统、纳米卫星和纳米军用机器人等纳米武器还处于设想、研制和试验阶段，但已展现出广阔的前景。现代高科技发展和纳米技术的发展，将促进纳米武器装备从量变到质变，其作战效能将会大大提高。

纳米技术让“纳米军团”中的成员——纳米武器，个个耳聪目明。

纳米空军中的纳米飞机用纳米材料制造飞机蒙皮，可以灵敏地“感知”各种主动式探测信号，并能智能调节表面电磁波或光波特性，从而达到自适应隐身目的。纳米无人机可以在更广阔的领域活动，令对手防不胜防。黄蜂智能微型飞行器，可携带高能炸药对地面目标实施攻击。

纳米天军中的“麻雀卫星” 可以从流水线上生产，在短时间内便可生产出上千颗“麻雀卫星”。运载火箭一次可发射数百颗乃至数千颗“麻雀卫星”，可以大量布撒在不同的轨道上进行组网，可连续监视地球上的任何角落，即使少数小卫星失效，卫星网也不会受到影响。

纳米武器和纳米军团的出现和使用，将大大改变人们对战争力量对比的看法，“隐形偷袭战”“微型点穴战”“隐蔽瘫痪战”和“纳米威慑战”等全新的作战理论将层出不穷。

纳米武器和纳米军团的出现，使军事家们必须对其“刮目相看”，充分认识其对未来战争的影响。同时，也使人们重新认识军事领域数量与质量的关系，从而彻底变革未来战争的面貌。

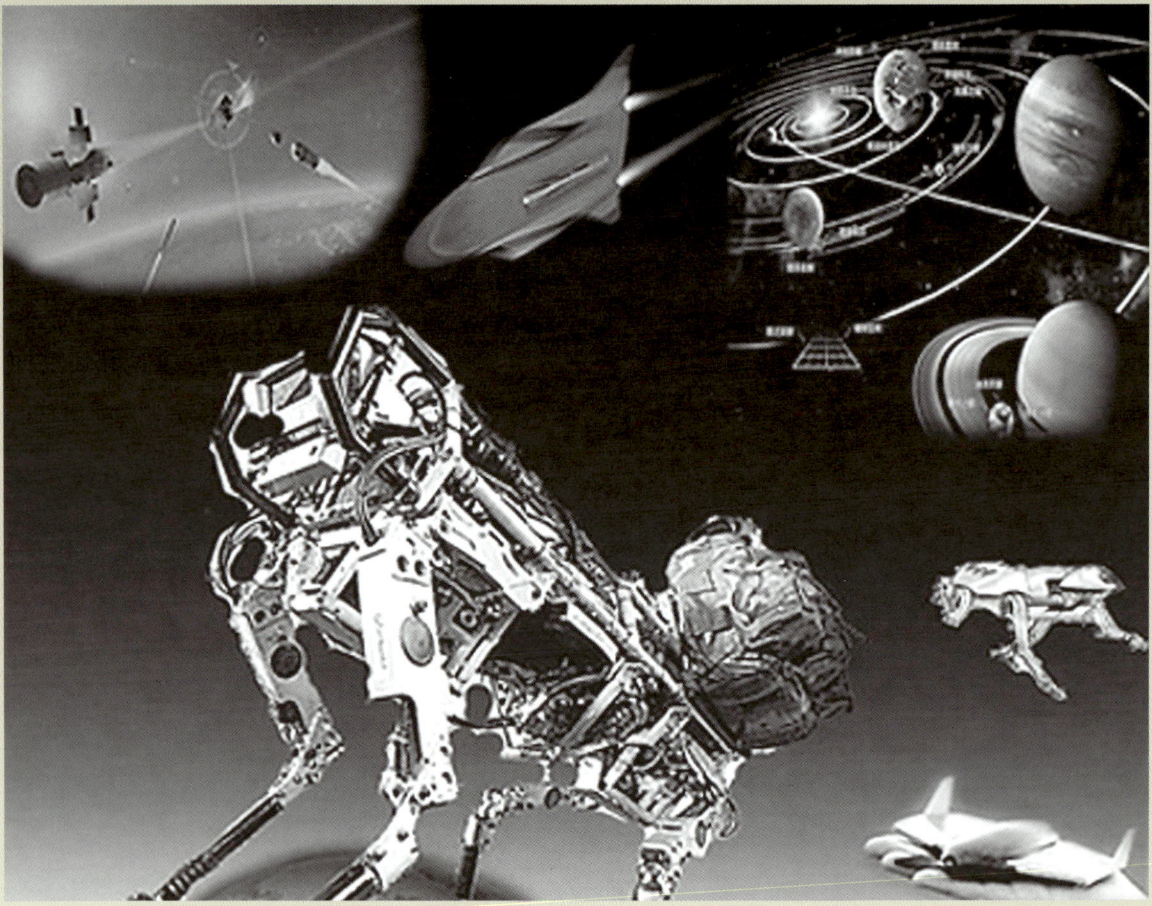

纳米武器向何处去

纳米武器向何处去？微型化、隐蔽化、智能化和使用集群化是发展方向。

微型化是指利用纳米技术不断缩小武器装备中部件的尺寸，使现代武器微型化、袖珍化，诞生五花八门的微型武器、袖珍武器。

隐蔽化是纳米技术使武器装备具有隐形特性，使众多武器成为隐形武器。纳米隐身涂料可以使武器装备具有对雷达、红外探测、声探测、可见光探测的隐形特性。

在军事领域用得最多的纳米武器当属微型化的侦察装置，如“智能沙粒”或“智能尘埃”，它们只有沙粒那么大，却具有智能即具备“电子鼻”的功能，可以分析周围战场环境，识别空气中、土壤中化学构成，并随时向监控系统上报相关数据。

未来无人战斗机

集群化是指纳米武器集群使用，这是由纳米武器的特点所决定的。由于纳米武器没有复杂的机械设备，也没有精密的仪器设备，所以生产成本低，可大批量生产。

在未来战场上，“蚂蚁士兵”可被大批量撒布，利用群而攻之的“人海战术”并与纳米地雷、纳米炸弹配合使用，实行战略打击，破坏力极大。不要以为这些“蚂蚁士兵”是没有思想的军用机器人，它们携带音响传感器、摄像机、红外探测器、高能炸药以及生物病毒等武器装备，其动力源是它背着的太阳能电池，它们就能集群化作战，其战斗能力极大。

目前，一些纳米技术发展较先进国家的武器专家正在全力研制这种“蚂蚁士兵”，美国的一所大学早在1998年就在实验室里培育出了一种有特殊功能的微型机器虫。

纳米技术的发展将使袖珍式无人侦察机和能用于作战的纳米战斗机、纳米直升机作战效能大增，还使得便于布设的“苍蝇针”“间谍草”“机器鱼”将进入实战。

利用纳米技术研制的“间谍草”是一种微型情报装置，其底部装有纳米电子仪器、摄像机和传感器。这些“间谍草”可以大批量布设，可由飞机撒布，数万株间谍草能覆盖到战区纵深，它们可连续地侦察和监视周围的景物，感知外界的震动和声音，不间断地搜集战场情报，监察敌人动向。

纳米技术从20世纪60年代末起步，科学家可以在实验室里控制单原子层的沉积，最终制备纳米级的设备。到今日，纳米技术的研究已经触及现代社会的每一个方面，从计算机与通信到医学、工业、农业、军事领域。纳米技术的发展以不同的形式、不同的程度影响着社会各个领域，使之发生巨大的变化，特别是军事领域的变化更大、更明显。

纳米技术与基于纳米技术的侦察、通信、制导与跟踪、敌我识别、智能武

器、本土与战区安全、战场医学等，将改变一个国家军队的军事战略、军事战术的制定，改变战役、战斗的实施程序以及行动方案。

现在世界上许多国家军事部门已经认识到并看到纳米技术在军事领域和未来战争中的巨大作用，都投入大量人力、物力和财力研制纳米技术、发展纳米武器。20世纪60年代到70年代，美国与苏联在空间领域展开的竞争加速了计算机、微波、陶瓷等技术的发展。同样，各国对纳米技术的竞争将会极大地推动纳米技术的发展。可以预料，纳米武器必将得到大发展，纳米武器必将在未来战争中得到广泛普及与推广，并将引起武器世界和军事领域根本性变革。

纳米战争透明度将大大增加。在纳米战场上，对于弱势一方而言，从太空到空中、到地面、到海洋，在层层严密高效的纳米级侦察监视网下，几乎已无密可保。而强势一方却把对方的行动置于自己的眼皮底下，彻底“透明”。这将使得战争的过程和结局变得更加透明，所以谁也无法在高科技战争面前开玩笑。

又一次新军事革命的曙光正悄然越过地平线，为中华民族崛起，为国家安全，我们必须抓住这场新军事革命的机会。

图书在版编目（CIP）数据

纳米武器 / 施鹤群编写. —上海：华东理工大学出版社，2015.8
（“纳米改变世界”青少年科普丛书）
ISBN 978-7-5628-4221-7

Ⅰ. ①纳… Ⅱ. ①施… Ⅲ. ①纳米材料－应用－武器－青少年读物
Ⅳ. ①E92-49

中国版本图书馆CIP 数据核字（2015）第174095号

“纳米改变世界”青少年科普丛书

纳米武器

编　　写　施鹤群
责任编辑　马夫娇
责任校对　金慧娟
装帧设计　肖祥德
出版发行　华东理工大学出版社有限公司
　　　　　地址：上海市梅陇路130号，200237
　　　　　电话：(021) 64250306（营销部）
　　　　　　　　(021) 64251137（编辑室）
　　　　　传真：(021) 64252707
　　　　　网址：press.ecust.edu.cn
印　　刷　常熟市华顺印刷有限公司
开　　本　889mm × 1194mm　1/24
印　　张　2
字　　数　42千字
版　　次　2015年8月第1版
印　　次　2015年8月第1次
书　　号　ISBN 978-7-5628-4221-7
定　　价　19.80元

联系我们　电子邮箱：press@ecust.edu.cn
　　　　　官方微博：e.weibo.com/ecustpress
　　　　　天猫旗舰店：http://hdlgdxcbs.tmall.com